VRAIE MANIÈRE D'ÉLEVER,

DE MULTIPLIER ET D'ENGRAISSER

LES OIES

À LA VILLE ET À LA CAMPAGNE,

contenant

LA MANIÈRE DE LES GUÉRIR DE LEURS MALADIES, DE LES NOURRIR,
DE LES FAIRE PONDRE, DE LES FAIRE COUVER,
LA MANIÈRE DE LES ENGRAISSER AVEC ÉCONOMIE DE TEMPS
ET DE NOURRITURE, LES SOINS A DONNER AUX OIES COUVEUSES,
LE MOYEN DE CONSERVER LA CHAIR ET LES PLUMES,
LE MOYEN D'OBTENIR DE L'OIE UN FOIE VOLUMINEUX, ETC.

MOYEN DE SE FAIRE UNE RENTE ANNUELLE DE 2,400 FRANCS.

(Industrie avantageuse.)

PAR C.-L. BENOIT,

Meunier à Châtillon.

PRIX : **50** CENTIMES.

PARIS,

CHEZ TISSOT, LIBRAIRE,

PLACE DU PONT SAINT-MICHEL, 45.

1847

LA VRAIE MANIÈRE D'ÉLEVER,

DE MULTIPLIER ET D'ENGRAISSER

LES OIES

A LA VILLE ET A LA CAMPAGNE,

contenant

LA MANIÈRE DE LES GUÉRIR DE LEURS MALADIES, DE LES NOURRIR,
DE LES FAIRE PONDRE, DE LES FAIRE COUVER,
LA MANIÈRE DE LES ENGRAISSER AVEC ÉCONOMIE DE TEMPS
ET DE NOURRITURE, LES SOINS A DONNER AUX OIES COUVEUSES,
LE MOYEN DE CONSERVER LA CHAIR ET LES PLUMES,
LE MOYEN D'OBTENIR DE L'OIE UN FOIE VOLUMINEUX, ETC.

MOYEN DE SE FAIRE UNE RENTE ANNUELLE DE 2,400 FRANCS,

(Industrie avantageuse.)

PAR C.-L. BENOIT,

Meunier à Châtillon.

———

PRIX : 50 CENTIMES.

———

PARIS,

CHEZ TISSOT, LIBRAIRE,

PLACE DU PONT SAINT-MICHEL, 45.

——

1847

Imprimerie d'A. SIROU et DESQUERS, rue des Noyers, 37.

AVANT-PROPOS.

Le traité que j'offre aujourd'hui au public est le fruit de mon expérience de vingt années consécutives. J'ai procédé dans sa conduite avec une méthode et une clarté suffisante pour que tout lecteur intelligent puisse comprendre ma pensée, et afin qu'il puisse servir de guide à toutes les personnes qui s'occupent de l'éducation des oies.

Écrit dans ces vues, et présentant une suite d'idées nettes et sévèrement enchaînées, mon petit ouvrage devra peut-être quelques succès à son importance. L'éducation des oiseaux domestiques mérite de captiver l'attention des hommes, leur promet des avantages assurés, des jouissances pures et complètes, des charmes attrayants pour tous les âges.

Aujourd'hui il me paraît à propos de dire, plus que jamais, que tous les objets qui peuvent devenir la propriété des hommes dans la société, les animaux domestiques sont ceux que nous devons le plus estimer après le sol. Les autres objets n'ont qu'une valeur plus passagère et plus fortuite ; leur possession est accompagnée de plus de soucis, et quelquefois même elle paraît aussi incertaine que le caprice des vents et des flots. Cela est si vrai, que dans l'industrie ou le commerce, on voit rarement se perpétuer l'aisance des familles plus d'un demi-siècle. Ce sont des carrières où se développe une avidité qui n'a pas de bornes. On est ébloui par des succès inespérés ; on se forme une image séduisante, mais mensongère, de l'avenir, et l'on dissipe la fortune qu'on avait acquise sans abandonner un seul instant ses illusions.

LA VRAIE MANIÈRE D'ÉLEVER,

DE MULTIPLIER ET D'ENGRAISSER

LES OIES.

HISTOIRE DE L'OIE.

L'oie est, dans le peuple de la basse-cour, un habitant de distinction. Sa corpulence, son port droit, sa démarche grave, son plumage net et lustré, et son naturel social, qui la rend susceptible d'un fort attachement et d'une longue reconnaissance, enfin, sa vigilance très-anciennement célèbre, tout concourt à nous présenter l'oie comme l'un des plus intéressants et même des plus utiles de nos oiseaux domestiques; car indépendamment de la bonne qualité de sa chair et de sa graisse, dont aucun autre oiseau n'est plus abondamment pourvu, l'oie nous fournit cette plume délicate sur laquelle la mollesse se plaît à reposer, et cette autre plume, instrument de nos pensées, et avec laquelle nous écrivons ici son éloge.

Si la domesticité de l'oie est plus moderne que celle de la poule, elle paraît être plus ancienne que celle du canard, dont les traits originaires ont moins changé, en sorte qu'il y a plus de distance apparente entre l'oie sauvage et la privée qu'entre les canards. L'oie domestique est beaucoup plus grosse que la sauvage, elle a les proportions du corps plus étendues et plus souples, les ailes moins fortes et moins raides; tout a changé de couleur dans son plumage, elle ne conserve rien ou presque rien de son état primitif, elle paraît même avoir oublié les douceurs de son ancienne liberté, du moins elle ne cherche point, comme le canard, à la recouvrer. La servitude paraît l'avoir trop affaiblie; elle n'a plus la force de soutenir assez son vol pour pouvoir accompagner ses frères sauvages qui, fiers de leur puissance, semblent la dédaigner et même la méconnaître.

La graisse d'oie était très-estimée des anciens comme topique nerval et comme cosmétique; ils en conseillaient l'usage pour raffermir le sein des femmes nouvellement accouchées, et pour entretenir la netteté et la fraîcheur de la peau. Ils ont vanté comme médicament la graisse que l'on préparait à Comagène avec un mélange d'aromate. Aldrovande donne une liste de recettes où cette graisse entre comme spécifique contre tous les maux de la matrice, et Wellaghby prétend trouver dans la fiente d'oie le remède le plus sûr de l'ictère. L'oie fut le plat de régal des soupers de nos ancêtres, et ce n'est que depuis le transport de l'espèce du dindon de l'Amérique en Europe, que celle de l'oie n'a dans nos basses-cours comme dans nos cuisines que la seconde place.

Quoique la marche de l'oie paraisse lente, oblique et pesante, on ne laisse pas d'en conduire des troupeaux fort loin et à petites journées. Pline dit que, de son temps, on les amenait du fond des Gaules à Rome, et que dans une longue marche les plus fatiguées se mettent aux premiers rangs comme pour être soutenues et poussées par la masse de la troupe. Rassemblées encore de plus près pour passer la nuit, le bruit le plus léger les éveille, et toutes ensemble crient; elles jettent aussi de grands cris lorsqu'on leur présente de la nourriture, au lieu qu'on rend le chien muet en lui offrant cet appât, ce qui a fait dire à Columelle que les oies étaient les meilleures et les plus sûres gardiennes de la ferme, et Végèce n'hésite pas de les donner pour la plus vigilante sentinelle que l'on puisse poser dans une ville assiégée. Tout le monde sait qu'au Capitole elles avertirent les Romains de l'assaut que tentaient les Gaulois, et que ce fut le salut de Rome. Aussi le censeur fixait-il chaque année une somme pour l'entretien des oies, tandis que le même jour on fouettait des chiens dans une place publique, comme pour les punir de leur coupable silence dans un moment aussi critique.

Le cri naturel de l'oie est une voix très-bruyante ; c'est un son de trompette ou de clairon qu'elle fait entendre très-fréquemment et de très-loin ; mais elle a, de plus, d'autres accents brefs qu'elle répète souvent ; elle rend un sifflement que l'on peut comparer à celui de la couleuvre.

Soit crainte, soit vigilance, l'oie répète à tous moments ses grands cris d'avertissement ou de réclame ; souvent toute la troupe répond par une acclamation générale, et de tous les habitants de la basse-cour, aucun n'est aussi vociférant ni plus bruyant. Cette grande loquacité ou vocifération avait fait donner chez les anciens le nom d'oie aux indiscrets parleurs, aux méchants écrivains, aux bas délateurs ; comme sa démarche gauche et son allure de mauvaise grâce nous font encore appliquer ce même nom aux gens sots et niais. Mais indépendamment des marques de sentiments, des signes d'intelligence que nous lui reconnaissons, le courage avec lequel elle défend sa couvée et se défend elle-même contre l'oiseau de proie, et certains traits d'attachement, de reconnaissance même très-singuliers, démontrent que ce mépris serait très-mal fondé.

Pour qu'un troupeau d'oies privées prospère et augmente par une prompte multiplication, il faut que le nombre des femelles soit quintuple de celui des mâles. L'usage ordinaire de nos provinces est de lui en donner un trop grand nombre : on lui en donne douze et même jusqu'à vingt. Ces oiseaux préludent aux actes de l'amour en allant du bord s'égayer dans l'eau ; ils en sortent pour s'unir, et restent accouplés plus longtemps et plus intimement que la plupart des autres, dans lesquels l'union du mâle et de la femelle n'est qu'une simple compression, au lieu qu'ici l'accouplement est bien réel et se fait par intromission, le mâle étant tellement pourvu de l'organe nécessaire à cet acte, que que les anciens avaient consacré l'oie au dieu des jardins.

Les oies vivent en paix avec tous les autres oiseaux de basse-cour, et ne causent parmi eux ni désordre ni querelle; mais si on les attaque et les effraye, ou si un étranger s'en approche, surtout si elles ont des petits, on les voit s'avancer hardiment vers leur ennemi le cou tendu et le bec menaçant. Elles sont naturellement propres, évitent autant que possible le fumier et la boue, recherchent l'eau fraîche, et font souvent la toilette à leur plumage. Elles ont généralement un penchant contre lequel il faut être en garde, c'est de se réunir aux oies sauvages lorsqu'il s'en trouve dans le voisinage; aussi, dans ce cas, faut-il avoir soin de leur casser le bout de l'aile : elles ne quittent pas leur demeure pour aller loin, car leur force ne leur permet pas de suivre les sauvages longtemps; elles se réunissent aux premières oies domestiques qu'elles rencontrent dans le voisinage : dans ce cas, elles ne font que changer de maître.

LOCALITÉS OU L'ÉDUCATION DES OIES SE FAIT EN GRAND.

Du moment que le continent américain nous a fourni le dindon, l'oie a, pour ainsi dire, perdu tous ses droits. On a singulièrement négligé son éducation, et ses produits cessèrent d'avoir de la vogue; cependant cette source de prospérité n'a pas été tarie pour un grand nombre de localités. Dans les départements du Tarn, du Gers, les campagnes sont couvertes d'oies, et le propriétaire rural qui ne tire pas 4,500 kilogrammes de grains de sa terre est en droit d'exiger annuellement de son fermier ou bourdier six paires d'oies.

On en élève beaucoup plus dans les départements du Rhin, de la Moselle, de la Seine-Inférieure, et sur les rives fertiles et pittoresques de la Loire : les oies de cette dernière contrée n'y restent que jusqu'à l'époque des moissons. On vient les chercher de fort loin, et on les mène par troupes nombreuses glaner dans les champs du département d'Eure-et-Loire, d'où elles sont expédiées sur Paris et sur d'autres points plus ou moins éloignés. L'oie remplace le porc dans divers cantons : les cultivateurs en conservent par la salaison d'une année à l'autre ; ils en mangent sans cesse, quoiqu'ils en livrent de fortes quantités aux villes voisines ; la seule ville de Toulouse en absorbe au delà de cent vingt mille dans le cours d'une année. Bayonne et Bordeaux sont les deux ports où les Hollandais viennent acheter et embarquer le plus d'oisons dont ils nous revendent ensuite les plumes et le duvet à beaux deniers comptants.

Les oies de Levroux, département de l'Indre, renommées pour leur grosseur et la finesse de leur chair, sont celles qu'ils recherchent en particulier, ce qui fait que le palmipède dont nous nous occupons est une branche importante du commerce. Les oies que l'on élève dans les départements de l'Aude, du Tarn, du Gers, de la Haute-Garonne surtout, sont aussi grandes que le cygne ; il n'est pas rare d'en voir qui pèsent de 12 à 14 kilogrammes, et portent au mois d'octobre une masse de graisse qui traîne jusqu'à terre, tandis qu'elle est petite, faible, abâtardie dans presque tous nos départements de l'Est. Ici elle est blanche, là complétement grise ou cendrée, plus loin mêlée de blanc ou de brun ; à Toulouse, les jars sont panachés ; mais, pour l'oie comme pour les autres animaux domestiques, la couleur de leur robe n'est pas toujours un gage certain de la bonté, de la vigueur et de la vivacité désirables dans ce palmipède.

CARACTÈRES DISTINCTIFS DE L'OIE SAUVAGE AVEC L'OIE DOMESTIQUE.

L'oie sauvage est maigre et de taille plus légère que l'oie domestique, ce qui s'observe de même entre plusieurs races privées, par rapport à leur tige sauvage, comme dans celle du pigeon domestique comparé à celle du biset.

L'oie sauvage a le dos d'un gris brunâtre, le ventre blanchâtre, et tout le corps nué d'un blanc roussâtre dont le bout de chaque plume est frangé. Dans l'oie domestique, cette couleur roussâtre a varié, elle a pris des nuances de brun ou de blanc, elle a même disparu entièrement dans la race blanche. Quelques-unes ont acquis une huppe sur la tête ; mais ces changements sont peu considérables en comparaison de ceux que la poule, le pigeon et plusieurs autres espèces ont subis en domesticité. Aussi l'oie et les autres oiseaux d'eau que nous avons réduits à cet état domestique, sont-ils beaucoup moins éloignés de l'état sauvage et beaucoup moins soumis ou captivés que les oiseaux gallinacés qui semblent être les citoyens naturels de nos basses-cours.

CARACTÈRES DISTINCTIFS DE L'OIE AVEC LE CANARD ET LE CYGNE.

Les caractères qu'on peut lui donner sont un bec plus court que la tête, plus haut que large à la base, enflé et quelquefois tuberculeux près du front, garni de dents coniques pointues et formées par le bord des lamelles ; les jambes sont plus que dans les autres espèces du grand genre canard, rapprochées de la partie antérieure du corps, ce qui facilite considérablement, chez ces oiseaux, la progression terrestre, favorisée encore par une élévation plus grande du tarse. Le cou est de moyenne grandeur ; enfin, la dimension générale du corps semble tenir le milieu entre celle des cygnes et des canards, dont on les distinguera d'ailleurs fort bien par les autres caractères que nous venons d'énumérer.

CARACTÈRES DISTINCTIFS DU JARS AVEC LE CANARD.

La robe du jars est ordinairement blanche ; il a le corps grand, le cou long, les ailes amples, la queue ronde, un anneau blanc près du croupion, le dos élevé et rond, le bec rouge, pointu, plus crochu que celui du canard ; chez les petits, il est roux, ainsi que les pieds. Les jars et les femelles sifflent comme les serpents lorsqu'ils sont en colère : leur morsure est alors dangereuse.

DES LIEUX CONVENABLES POUR L'ÉDUCATION DES OIES.

L'éducation des oies est une bonne spéculation, principalement dans les pays où les landes, les bruyères et les marécages sont communs. On peut les nourrir à peu de frais et les élever sans beaucoup de soins ; elles s'accommodent à la vie commune des volailles, et souffrent d'être renfermées avec elles dans la même basse-cour. Il faut, pour qu'elles se développent en entier, et pour former de grands troupeaux d'oies, que leur habitation soit à portée des eaux et des rivages environnés de grèves spacieuses et de gazons ou terres vagues sur lesquelles ces oiseaux puissent paître et s'abattre en liberté.

On leur interdit l'entrée des prairies, parce que leur fiente brûle les bonnes herbes, et qu'elles les fauchent jusqu'à terre avec le bec, et multiplient à l'infini les plantes nuisibles, surtout la camomille à fleur simple. Celles qu'elles ne mangent pas dégoûtent les bestiaux qui pourraient s'en nourrir, parce qu'elles sont salies par leurs excréments, et c'est par la même raison qu'on les écarte aussi très-soigneusement des blés verts, et qu'on ne leur laisse les champs libres qu'après la récolte.

Il faut les confier à un gardien lorsqu'on veut les éloigner des terres cultivées et productives. A moins que le troupeau d'oies soit trop peu considérable pour indemniser des frais du gardien, il est prudent de ne point les laisser sortir au loin sans lui, les oies sauvages pourraient s'abattre sur elles et les engager à les suivre.

La chair de l'oie n'est bonne que lorsqu'elle paît les plantes aromatiques des terrains maigres, incultes et arides. Quoique les oies puissent se nourrir de graminées et de la plupart des herbes, elles recherchent de préférence le trèfle, le fenugrec, la vesce, les chicorées et surtout la laitue, qui est le plus grand régal des petits oisons. On doit arracher de leur pâturage la jusquiame, la ciguë et les orties, dont la piqûre fait le plus grand mal aux jeunes oisons.

Quand les oies sont conduites le long des eaux courantes, des viviers, des étangs, dans les landes et sur les champs dépouillés de leurs récoltes, loin d'être nuisibles à l'agriculture, elles leur deviennent fort utiles, leur fiente étant un excellent amendement (c'est une combinaison de carbonate, phosphate de chaux et d'alumine), surtout quand il est avec des engrais ou délayé dans l'eau.

DE LA BASSE-COUR.

Pour empêcher les autres animaux de troubler la volaille, la basse-cour doit être séparée des autres corps de bâtiments de la ferme par une haie très-épaisse, par un mur ou par un treillage. Elle doit être plantée d'arbres de mûriers ou de sureaux, parce que la volaille a besoin d'ombrage pour les grandes chaleurs, et trouve à l'ombre une nourriture très-saine. Le fermier a double avantage de laisser vaguer les volailles dans les murs au milieu des autres animaux, elles se nourrissent à peu defrais et elles font disparaître du fumier et de la litière une grande quantité de grains qui germeraient plus tard dans la terre, au grand préjudice de la culture. Le débarras de cette graine du fumier est un avantage immense pour les fermiers. La basse-cour doit présenter une ou deux mares pour les oies, à moins qu'il n'existe dans le voisinage un ruisseau ou un étang, où l'on devra les laisser vaguer tout le jour au gré de leur caprice, en ayant soin seulement de les appeler vers la maison pour la distribution de leur nourriture; la volaille remarque bientôt l'heure de ces dittributions, et ce moment venu accourt d'elle-même au logis.

DE L'HABITATION DES OIES.

Les oies peuvent être logées dans le même lieu que les autres oiseaux de basse-cour, mais cependant il est préférable qu'elles soient isolées par des séparations et qu'elles aient des entrées particulières. Pour que chaque espèce de volaille puisse recevoir des soins spéciaux qui lui conviennent, le logement doit être subdivisé en autant de parties que l'on a d'espèce de volailles dans sa basse-cour, et en outre aux nouvelles couvées aux volailles malades et aux volailles à l'engrais. Si l'emplacement est petit, les pièces destinées aux différentes espèces peuvent être placées les unes au-dessus des autres ; dans ce cas, les oies doivent occuper les cases inférieures. Comme les oies ont besoin, en été, d'un courant d'air pour les rafraîchir , on doit faire à chaque pièce deux ouvertures fermées de volets, disposées vis-à-vis l'une de l'autre. Afin de maintenir une douce température , en hiver, on n'aura qu'à fermer les volets. Pour interdire l'accès de l'habitation des oies à leurs ennemis, les fenêtres se composeront d'un treillage très-serré. La porte devra présenter à son milieu une petite ouverture, par laquelle les oies puissent entrer du dehors à l'aide d'une échelle et se placer sur le juchoir qui se trouve toujours au niveau de cette ouverture.

SOINS QU'EXIGE L'HABITATION DES OIES.

La proprété des oies dépend beaucoup des soins que l'on prend de leur habitation. Le renouvellement de l'air est de toute nécessité. Immédiatement après qu'elles seront sorties, il faudra s'empresser d'ouvrir les portes et les fenêtres. Quand ces animaux, ont passé la nuit dans un endroit resserré et mal propre, ils se dépêchent de sortir dès qu'on leur ouvre la porte. Le malaise qu'ils éprouvent les fait se précipiter au dehors avec une vivacité qu'on ne peut expliquer que par ce malaise. Pour les soustraire à l'influence de leur propre infection, il faut donner de l'espace à leur logement, le blanchir à la chaud vive, y brûler quelquesfoi un peu de paille, le nettoyer à fond de temps en temps, et renouveler souvent leur litière.

S'il arrivait que le logement fût trop infect, malgré toutes les précautions que je viens d'indiquer, il faudrait le désinfecter avec du chlorure de chaux. Il ne faut pas se contenter de purifier leur demeure, leurs nids, leurs auges doivent aussi être nettoyées et lavées à l'eau chaude.

Comme il arrive très-souvent que la mère abandonne sa couvée par suite de la vermine qui l'incommode et qui finit par attaquer les petits, il ne faut pas négliger de renouveler le foin et la paille dont ces nids et ces auges sont garnis, sans quoi la fiente ne tarderait pas d'engendrer la vermine dont je viens de parler.

L'habitation des oies doit être exposée à l'est, au sud-est ; elle ne doit être ni trop froide en hiver, ni trop chaude en été, pour que les oies s'y plaisent et ne soient tentées d'aller coucher à l'aventure.

NOURRITURE DE L'OIE.

Quoique l'oie mange de tout, le maïs est la nourriture la plus convenable dans le Midi ; l'on a recours ailleurs à l'orge et à l'avoine. Les criblures des céréales et la pomme de terre coupées par rouelles séchées et concassées sont excellentes après le pâturage ; l'oie aime beaucoup, comme nous l'avons dit précédemment le trèfle, le fenugrec la vesce, la chicorée et la laitue. L'eau doit lui être administrée largement ; dans les contrées où les étangs et les rivières manquent, il convient de creuser, au milieu de la basse-cour un petit réservoir où elle puisse barbotter à son aise.

DIVERSES COULEURS DES OIES. — CHOIX DU MÂLE ET DE LA FEMELLE.

La couleur des oies est blanche, grise et noirâtre ; leurs pattes et leur bec sont brun roux, tant qu'elles sont jeunes, et deviennent jaune orangé à mesure qu'elles vieillissent. On préfère, pour avoir de bons produits, les jars couleur blanche et la femelle couleur grise ou au moins panachée. L'oie a quelque ressemblance avec le cygne, aussi, il y a plusieurs années, on accoupla avec succès, au Jardin des Plantes, un cygne mâle avec une oie de neuf œufs qu'elle pondit; un seul produisit un petit vivant. A sa naissance, comme par la suite, il a toujours eu plus de ressemblance avec l'oie qu'avec le cygne, il était seulement plus gros que sa mère.

DIFFÉRENTES RACES D'OIES DOMESTIQUES.

Il n'y a que deux races d'oies domestiques, la grande et la petite qui n'est qu'une variété de la première; mais on ne s'occupe guère que de la grande, parce qu'elle est d'un meilleurs rapport. En Espagne, on a obtenu de l'accomplement du mâle sauvage avec des oies domestiques des métis à chair très-fine.

DE LA PONTE.

On reconnaît que le moment de la ponte est arrivé, lorsqu'on voit l'oie apporter de la paille à son bec pour construire son nid et rester longtemps posée sur ses œufs; il faut alors répandre de la paille sèche et brisée près de l'endroit qu'elle a choisi. Si cet endroit n'est pas chaud et éloigné du bruit, il faut l'attirer dans un lieu convenable en y plaçant de la paille et des orties dont elles aiment l'odeur, en y commençant un nid qui doit être plat, pour que tous les œufs soient également couverts. L'oie va y déposer successivement ses œufs. Aucune oie ne fait son nid dans nos basses-cours; elles s'enfoncent sous la paille pour y pondre et mieux cacher leurs œufs. Elles ont conservé cette habitude des sauvages qui, vraisemblablement, percent les endroits les plus fourrés des joncs et des plantes marécageuses pour y couver, et dans les lieux où on laisse ces oies domestiques presqu'entièrement libres, elles ramassent quelques matériaux sur lesquels elles déposent leurs œufs; l'oie ne pond ordinairement que tous les deux jours, mais toujours dans le même lieu. Si en enlève leurs œufs, elles font une seconde et une troisième ponte, et même une quatrième dans les pays chauds. Mais si l'on continue à enlever leurs œufs, l'oie s'efforce de continuer à pondre, et enfin elle s'épuise et périt. Car le produit de ses pontes, et surtout des premières, est nombreux, chacune est au moins de sept, communément de dix, donze, ou quinze œufs par ponte, et même de seize pour l'Italie; mais dans nos provinces intérieures de France, on a observé que les pontes les plus nombreuses n'étaient que de douze œufs ; les jeunes oies, comme les poulettes, avant d'avoir eu communication avec le mâle, pondent des œufs clairs et inféconds, et ce fait est général pour tous les oiseaux. Comme il est en tout important d'avoir des primeurs qui, toujours se vendent mieux et plus chèrement, on cherche à déterminer l'oie à pondre de bonne heure. Pour arriver à ce but on la met coucher dans un lieu chaud, on lui donne du maïs, de l'orge, du sarrasin et surtout de l'avoine.

L'oie commence à pondre ordinairement en mars, quelquefois, dès la fin de janvier, si l'hiver est doux et la nourriture abondante. Comme elle pond tous les deux jours, elle termine cette opération dans un mois ; ses œufs se vendent de 60 cent. à 4 fr. 50 cent. la douzaine, suivant les années et selon qu'on les vend plus tôt ou plus tard.

DE L'INCUBATION ET DES SOINS A DONNER AUX OIES COUVEUSES.

On donne douze ou quinze œufs à couver à chaque oie. Les plus petites n'en peuvent échauffer suffisamment que dix ; l'incubation dure vingt-sept à trente jours, ce qui dépend de la chaleur de la saison et du local où le nid est situé. Ainsi on peut avoir des oisons dès la fin de mars.

Pendant que l'oie couve, il faut avoir soin de mettre à sa portée de l'orge; la meilleure serait celle qui serait crevée dans l'eau, et un grand vase plein d'eau où elle puisse boire et même se baigner pendant l'incubation. L'oie couve si assidument qu'elle en oublie le boire et le manger, si elle n'en trouve pas près d'elles.

Il y a de certains mâles qui ne partagent que leurs plaisirs avec la femelle, et lui laissent presque tous les soins de l'incubation, et d'autres montent la garde nuit et jour auprès d'elle quand elle est sur ses œufs; une souris seule suffit pour éveiller leur vigilance et exciter leur colère. Ils la protégent, et plus tard l'accompagnent aux champs, lorsqu'elle y conduit ses petits.

L'oie connaît ses œufs et se soumet difficilement à couver des œufs étrangers. Je l'ai vue être inquiète, puis abandonner sa couvée, parce que j'avais substitué à deux de ses œufs d'autres de goëlands, qui m'étaient parvenus dans un bel état de fraîcheur.

Les jars pendant leurs amours, les oies pendant qu'elles ont des petits, ne sont pas faciles à approcher; ils peuvent blesser les enfants et sont quelques fois même redoutables aux hommes.

DE L'ÉCLOSION DES ŒUFS.

Il faut vingt-sept à trente jours d'incubation, comme dans la plupart des grandes espèces d'oiseaux, pour faire éclore leurs œufs, à moins que le temps n'ait été fort chaud, auquel cas il en éclot dès le vingt-cinquième jour. Lors de l'éclosion, il faut veiller à ce que les premiers-nés soient, à mesure qu'ils sortent de leurs coquilles, retirés du nid, autrement la mère croit sa tâche terminée, et pour eux abandonnerait les derniers œufs qui, quelquefois, n'é-closent que deux ou trois jours après les premiers. Pour faciliter la sortie des petits, il faut avoir l'attention d'en briser un peu la coque avec la pointe d'une épingle, mais faire bien attention de ne pas blesser le petit; de cette manière on le fortifie en lui fournissant un peu d'air. Cette pratique se fait vers le vingt-cinquième jour de la couvaison. Les premiers oisons sortis de leur coque sont placés dans un panier garni de laine et tenus chaudement, jusqu'à ce qu'on les rende aux soins de leur mère, ce que l'on ne doit faire que lorsque tous les œufs sont éclos. Nul besoin de donner à manger aux petits, ils ont le temps de digérer la partie intérieure de l'œuf dont ils se sont nourris avant de quitter la coquille.

On s'assure de la fécondité de chaque œuf en l'examinant au grand jour, pour juger de sa transparence ou de son opacité; ceux qui sont dans ce dernier état renferment un oiseau; les autres sont clairs, c'est-à-dire stériles, et ne sont bons qu'à jeter. Quelquefois le petit vient à périr par le refroidissement, lorsque l'œuf qui le contient ne se trouve pas bien placé sous la mère. Au surplus trois jours après que les premiers sont venus à terme, on ne risque rien d'écarter les œufs qui restent, ils sont stériles.

ÉDUCATION DES OISONS.

La première éducation des oisons a beaucoup de rapport avec celles des canetons. Le premier aliment que l'on donne aux oisons nouveaux-nés est des œufs cuits et hachés très-menus, mélangés de jeunes orties, de pain ou de farine d'orge moulu et mis en pâtée avec un quart de son et du lait, de blé ou de sarrazin; au bout de cinq ou six jours, ou remplace cette nourriture par de la bouillie de maïs et des pommes de terre cuites. Il faut, pendant les premiers temps, éviter le froid, parce que le léger duvet qui les couvre ne suffit pas pour les garantir; ne les laisser pâturer que par un beau soleil, mais cependant pas en plein midi, parce que la trop grande chaleur les incommode.

On doit leur distribuer la nourriture trois fois par jour, parce que les oisons aiment à manger souvent. Au bout d'un mois, on leur donne des feuilles de chicorée et de laitue hachée, toutes sortes de légumes cuits et détrempés avec du son dans l'eau tiède, et l'on a l'attention de séparer le père et la mère lorsqu'on donne à manger aux petits, parce qu'ils ne leur laisseraient que peu de chose ou rien. On les laisse barbotter dans l'eau tout le temps qu'il leur plaît; ils aiment à se baigner, à courir sur l'herbe. Il faut veiller à ce que ces choses ne leur manquent pas, leur éducation en sera plus facile et leur accroissement plus rapide. Voilà ce que l'on peut conseiller avec plus de succès. Après toutes ces précautions prises, on peut les laisser suivre leur mère au pâturage, mais avant il faut les rassasier, parce que autrement, si la faim les tourmente, ils s'obstinent contre les tiges d'herbes ou les petites racines, et pour les arracher ils s'efforcent au point de se démettre ou de se rompre le cou. Les oisons de mars, lorsque le temps est froid, doivent être tenus sous des hangards ou dans les étables, où on leur procure un baquet d'eau qu'on renouvelle, pour qu'elle ne se corrompe pas. Dès que l'oison a quinze ou vingt jours, il sort sans inconvénient; il ne demande plus aucun soin de l'homme, le père et la mère n'ont point encore cessé les leurs, ils les accompagnent partout; le jars se tient en tête, et l'oie se place derrière eux pour garantir de toute surprise. Il faut éviter que dans l'habitation ils ne soient pas avec des oisons de l'année précédente, ces derniers les battent à outrance; il en est de même des vieilles oies à l'égard des jeunes. Pour prévenir ce désagrément, on établit des séparations dans le lieu même où ces palmipèdes sont enclos.

ENGRAISSEMENT DES OIES.

Dès que les oisons ont quinze jours, il faut leur donner de l'orge crevé dans l'eau de vaisselle et même, pour les fortifier, leur faire avaler un peu de vin, de cidre ou de bière. Au bout de six à huit mois, suivant qu'il a été bien ou mal nourri, l'oison est bon à manger, il pèse alors de trois à quatre kilogrammes, sa chair est tendre et savoureuse, mais il n'est pas encore gras, il est susceptible d'augmenter beaucoup de poids et de valeur. On peut donc les manger dès la fin du mois d'août, en septembre et en octobre.

Premier mode d'engraissement. Si l'on veut engraisser les oies, le seul moyen de hâter leur engraissement, de les rendre excellentes et d'augmenter le produit que l'on doit se proposer d'en retirer, il faut avoir soin de les plumer sous le ventre et d'enlever le réservoir d'huile que les oies portent sur le croupion, et qui leur sert à oindre leur robe, à la luisser pour la rendre imperméable à l'eau. On les enferme ensuite deux ou trois ensemble sous une cage sans fond, dans un lieu également abrité du grand jour, de l'excès d'humidité ou de sécheresse et du bruit, c'est le moyen de concentrer toutes les fonctions vitales sur les organes digestifs. La paille employée pour litière se change assez souvent, pour maintenir autour des captifs la plus grande propreté ; l'auge placée en dehors et vis-à-vis les ouvertures pratiquées dans les parois de la cage leur présente constamment une boisson mi-partie d'eau et de lait écrémé qu'on renouvelle tous les jours, pour empêcher qu'elle ne tourne à l'aigre. Au commencement de l'opération, on donne peu de nourriture à la fois, puis on l'augmente au fur et à mesure, en ayant soin de s'assurer que les aliments précédents sont entièrement passés. Y a-t-il signe d'indigestion, administrez aussitôt un peu de manne délayée dans de l'eau chaude, et accordez quelques jours de liberté ; s'il y a étouffement, saignez pour éviter que la chair ne devienne noire ; trois ou quatre semaines suffisent pour amener une oie au plus haut degré de graisse, et donner au foie un développement considérable. La nourriture doit être composée de grains bouillis détrempés avec un peu de lait ; lorsqu'il n'est pas trop cher, ces grains sont l'orge, le maïs, le sarrazin ou l'avoine, les déchets de pain, les pommes de terre, les châtaignes bouillies et réduites en pâtées, qui ne soit pas liquides, sont très-avantageux pour leur procurer un engraissement rapide. Il est bon de terminer par de l'avoine non moulue et non cuite, qui donne à leur graisse plus de consistance et de saveur. L'oie sera d'autant mieux et plus promptement engraissée qu'elle mangera à discrétion toutes les trois heures.

Deuxième mode. Le deuxième mode est plus prompt. On prend l'oie trois fois par jour, on la place entre ses jambes, on lui ouvre le bec de la main gauche et on lui fait avaler de la main droite sept à huit boulettes de deux pouces de long sur un pouce d'épaisseur ; pour faciliter la digestion des boulettes on presse légèrement le gésier de haut en bas. On lui fait ensuite boire du lait ou de l'eau de son. Cet engraissement dure de quinze à vingt jours.

C'est au mois de novembre qu'on commence l'engraissement ; plus tard les oies entreraient en rut, s'occuperaient de la ponte et on les nourrirait en pure perte. Ainsi, si l'on veut, dès le commencement d'octobre on peut avoir des oisons gras du poids de six kilogrammes, et pendant le mois de novembre et de décembre il n'est pas rare d'en trouver qui pèsent plus de huit kilogrammes et même douze à quatorze dans de certaines localités. On peut en manger tout l'hiver.

Dans les pays où les figues sont communes, on doit en mêler de sèches avec la pâtée que l'on fournit aux oies, qui en deviennent plus délicates.

On peut évaluer à vingt-cinq kilogrammes au plus la quantité de grains nécessaire à l'engraissement complet de l'oie, lorsqu'on n'a pas d'autre nourriture à lui fournir.

On distingue le moment où on peut cesser de lui donner autant de nourriture, et où elle est assez grasse, par un signe extérieur très-évident ; elle a alors, sous chaque aile, une pelotte de graisse très-apparente.

Au reste, on a observé que les oies élevées au bord de l'eau coûtent moins à nourrir, pondent de meilleure heure et s'engraissent plus aisément que les autres.

Les oisons de septembre se vendent de 1 fr. 80 cent. à 2 et 3 fr. ; ceux d'octobre et de novembre, lorsqu'ils sont gras, peuvent valoir de 5 et 6 fr. Une belle oie grasse, pesant huit à dix kilogrammes, vaut souvent jusqu'à 12 fr.

MOYEN D'OBTENIR DE L'OIE UN FOIE VOLUMINEUX.

Pour obtenir de l'oie un foie volumineux, on procure à l'animal une sorte de cachéxie hépatique ; pour parvenir à ce but, on place l'oiseau dans un pot de terre défoncé, ou même dans une boîte où il ne peut se retourner d'aucun côté. Le pot ou la boîte sont disposés dans la cage de manière à ce que les excréments de l'oie n'y restent pas. On l'établit dans un lieu obscur. On la gorge sans cesse de nourriture composée de farine de maïs mélangée de raves bouillies. Les oies y ayant à peine séjourné quinze jours, que leur volume est tel qu'on est forcé de briser le pot ou la boîte pour les en tirer. Il y a des foies qui pèsent jusqu'à un kilogramme. Ces foies sont très-recherchés pour leur délicatesse.

MANIÈRE DE TUER LES OIES ET DE LES PRÉPARER.

Quand l'oie est parvenue au terme désiré, on la tue en lui ouvrant le crâne sur la largeur par un coup de serpe, qui lui fait promptement perdre la vie avec son sang, qui est bon à manger, surtout lorsqu'il est frit avec de l'ognon. On la laisse se faisander de deux à huit jours, selon la température de la saison. On la fait rôtir lentement et pendant trois ou quatre heures ; on en retire ainsi, indépendamment de sa chair très-savoureuse, un ou deux kilogrammes d'une graisse fine et délicate qui, étant convenablement salée et épicée, peut se conserver toute l'année pour la cuisine.

MANIÈRE DE PRÉPARER ET DE CONSERVER LES PLUMES D'OIES.

Indépendamment des produits que l'on retire de l'oie, soit en chair, soit en graisse, elle donne encore un duvet très-estimé. Il y a deux sortes de plumes d'oie, les grandes qui se tirent aux ailes et servent à écrire, les petites qui s'emploient à faire les coussins, les oreillers, et suppléent à l'édredon. La moisson du duvet des vieilles oies se fait trois fois l'an, à la fin de mai, à la mi-juin et à la fin de septembre, mais pas plus tard, parce qu'alors le froid les incommoderait. Les mères ne doivent être plumées que six semaines ou deux mois après qu'elles ont couvé, et les oisons, pas avant l'âge de deux mois. On reconnaît que le duvet est mûr lorsqu'il se détache de lui-même ; si on l'enlève trop tôt, il se conserve mal et les vers s'y mettent. On plume les oies sous le ventre, autour du cou et sous les ailes. Les plumes qu'on arrache aux oies quelque temps après leur mort ont une mauvaise odeur et pelottonnent. La quantité de duvet que l'on retire à chaque oie avant de la manger est de 250 grammes, qui peut valoir de 4 à 7 fr. le kilogramme ; la plume triée au duvet fin va même jusqu'à 10 fr. le kilogramme. On doit renfermer pendant deux jours les oies qui viennent d'être plumées.

Les plumes à écrire ou bouts d'ailes sont encore une production précieuse de l'oie ; elles valent, le cent, de 2 à 9 fr., suivant la qualité ; on n'en doit arracher que quatre ou cinq à chaque aile.

On fait sécher les plumes au four une demi-heure après qu'on en a retiré le pain ; sans cette précaution, les tuyaux sont encroûtés d'une substance huileuse, blanchâtre. Avant de les employer à écrire et les bouts d'ailes pour le dessin, il faut les hollander ; c'est-à-dire en passer le canon sous la cendre chaude ou bien les plonger dans l'eau chaude ; quand elles sont ramollies, les comprimer avec le dos d'une lame de couteau. Jusqu'à ce que la corne soit transparente, on les replonge dans l'eau, on les arrondit et on les fait sécher ensuite ; on les conserve dans des tonneaux ou dans des sacs placés en lieu sec ; lorsqu'elles ont pris l'humidité, elles contractent une mauvaise odeur et se gâtent ; si elles sont trop sèches, elles se brisent.

MALADIES DES OIES. — REMÈDES.

Les oies sont sujettes à presque toutes les maladies des autres volailles, et ces maladies proviennent en grande partie de la mauvaise nourriture qu'on leur donne, de la malpropreté de l'eau ou de l'infection de leur demeure, ou de la disette. Les remèdes les plus propres à les guérir sont une nourriture saine et abondante, une eau souvent renouvelée, et en général tous les soins de propreté. Chaque maladies a ses signes particuliers; mais, indépendamment de ces signes, on reconnaît les maladies des oies aux caractères ci-après : elles deviennent tristes, leur démarche lente, leurs plumes se hérissent et se ternissent. Les plus dangereuses des maladies des oies sont la diarrhée et le vertige.

1° **DIARRHÉE**. Une nourriture humide et trop abondante engendre cette maladie.

Remède. Mettez l'animal aux aliments secs, faites-lui boire un peu de bon vin chaud et sucré ou aromatisé d'un peu de canelle, nourrissez-le d'orge, de pois cuits, et de pain trempé dans du vin; et si la maladie ne cède pas, faites lui prendre une infusion de pelures de coings, des feuilles ou du bois de cassis (groseillers noirs), du gland sec, ou un peu de thériaque gros comme une noisette, le tout dans du vin chaud.

2° **LE VERTIGE.** Cette maladie provient de l'affluence du sang au cerveau, ou la présence d'insectes dans les oreilles et les naseaux; celles qui en sont attaquées marchent les ailes traînantes, allongent le cou, secouent la tête, s'agitent sans cesse, refusent de manger, et tournent plus ou moins longtemps sur elles-mêmes, et jettent l'animal dans un vertige qui le fait périr en peu d'instants, si on ne lui porte promptement secours.

Remède. Pour remédier à cet accident, tir ez-lui du sang, avec la pointe d'un canif ou une forte aiguille, d'une veine très-apparente placée sous la peau qui sépare les ongles.

3° **EMPOISONNEMENT**. La ciguë et la jusquiame, que les oisons recherchent avec tant d'avidité, sont pour ces animaux un poison très-subtil : immédiatement après qu'ils en ont mangé une feuille, ils tombent les ailes étendues et périssent dans les convulsions.

Remède. Si vous voulez le sauver, dépêchez-vous de lui faire avaler du lait avec de la rhubarbe.

Il arrive souvent que les oisons s'empoisonnent avec les jeunes orties que l'on fait entrer dans leur nourriture. Si l'on n'a pas soin de les choisir et de les éplucher, lorsque cette plante est attaquée de la nielle ou des pucerons, elle devient un poison violent pour l'animal.

Remède. Faites dissoudre 4 à 5 grammes de chaux dans de l'eau tiède que vous lui ferez avaler de suite; après, l'animal sera sauvé.

4° **MALADIE DU CROUPION**. Elle provient de la malpropreté de l'eau et de l'infection de leur demeure; elle s'annonce par la constipation, l'oie devient triste, sa démarche est lente, sa tête penchée, son sommeil pénible, ses plumes hérissées; il se forme au-dessus du croupion une tumeur.

Remède. Incisez la tumeur avec un couteau bien tranchant, donnez issue au pus en la pressant avec les doigts, lavez la plaie avec du vinaigre, de l'eau ou du vin; pendant la convalescence, soumettez l'oie à un régime rafraîchissant, donnez-lui de la laitue, du son d'orge ou du seigle bouilli.

5° **CONSTIPATION**. Elle est produite par une trop grande quantité de nourriture sèches et échauffantes, tels que le chenevis et l'avoine. — **Symptômes.** On s'aperçoit facilement qu'une oie en est atteinte quand on voit qu'elle s'arrête souvent comme pour fienter sans résultat.

Remède. Faites-lui avaler une ou deux cuillerées d'huile d'olive; et si le mal ne cède pas ou qu'elle se refuse à ce remède, on lui donne de la farine de seigle délayée dans l'eau avec un peu de manne et un peu de laitue hachée bien menue.

6° **VERMINE**. Elle est due à la malpropreté. Des soins de propreté suffisent pour la détruire. On emploie avec succès les lotions du cumin ou d'absinthe poivrée et l'eau de savon.

7° **LA MUE** est pour l'oie comme pour tous les autres oiseaux, une époque de crise; elles sont alors tristes et mornes, leurs plumes se hérissent; elles les secouent souvent pour les faire tomber ou les tirent avec leur bec.

Remède. Si vous voulez garantir la volaille des dangers de la mue, tenez-la chaudement, faites-la rentrer de bonne heure, ne la laissez pas sortir trop matin à cause du froid et de l'humidité, et nourrissez-la de millet, de chenevis, d'orge crevé dans l'eau de vaisselle, et même, pour les fortifier, faites leur avaler un peu de vin, de cidre ou de bière.

8° **PLAIES**. Les plaies qui proviennent d'un accident ou d'un combat doivent être lavées tour à tour avec de l'eau-de-vie laudanisée et du beurre frais, celles des yeux avec de l'eau et du lait.

9° **FRACTURES**. Si une oie se casse la patte, la cuisse ou un ergot, on doit l'enfermer avec une bonne nourriture et de l'eau fraiche dans une chambre où elle ne puisse rien trouver pour se percher; la partie blessée ne doit pas être liée, le repos suffit pour la guérir.

10° **PUSTULES**. Souvent sur le cou des volailles on y remarque de petites pustules qui les font languir. Cette affection est aussi contagieuse.

Remède. Il faut, aussitôt qu'on s'en aperçoit, séquestrer l'animal qui en est atteint, et lui faire prendre de la laitue hachée et de l'eau dans laquelle on a jeté des cendres de bois, pour hâter la guérison, il faut frotter les pustules avec de la crème ou du beurre frais.

11° **PÉPIE**. Cette maladie, qui attaque fréquemment la jeune volaille, provient presque toujours de la disette ou de la malpropreté de l'eau. — *Symptômes.* L'oie cesse de manger et de boire; elle a l'air triste et se tient à l'écart; la voix devient rauque et frêle; elle ouvre le bec comme si sa respiration était gênée, et remue la tête comme pour éternuer; sa langue prend une teinte jaunâtre, et on voit bientôt se développer à son extrémité une pellicule cornée d'un blond-blanc mat.

Remède. Enlevez doucement, avec une aiguille ou un canif, cette pellicule ; lavez ensuite la plaie avec du vinaigre et induisez-la de beurre frais, et tenez ensuite l'animal renfermé quelque temps en le nourrissant de son mouillé.

MANIÈRE DE CONFIRE LES OIES.

On confit les oies et on en fait au loin des envois productifs. A ce moyen, on peut en manger toute l'année et dans tous les pays. Pour cet effet, on détache les quatre membres ; c'est-à-dire les ailes et les cuisses, de manière qu'il ne reste que le squelette ; on découpe les autres chairs et les graisses, on met le tout au sel avec un peu de nitre pendant deux ou trois jours ; ensuite on fait, dans un chaudron propre, cuire, au moyen de la graisse, cette chair qui n'est parvenue à son véritable degré de cuisson que lorsqu'elle peut facilement se détacher des ossements.

Pour conserver ces pièces, on les place promptement et sans les briser dans des pots de grès pour l'usage ou dans des barils de bois blanc et inodore pour le transport ; on verse dessus la graisse fondue, de manière qu'elle occupe tous les vides et couvre bien la totalité. Comme cette chair doit se conserver longtemps et que sa saveur naturelle doit encore être rehaussée, il faut, en la faisant cuire, y joindre du sel et les ingrédiens d'usage, tels que le poivre, le clou de girofle, les feuilles de lauriers, etc. Lorsque le tout est bien refroidi, il est prudent, surtout si l'on doit transporter au loin, d'ajouter une couche de graisse de pur mâle fondue, mais non bouillante, et dont l'épaisseur soit d'environ un doigt ou deux.

Comme la cuisson est prolongée, on peut employer à cet usage les vieilles oies, pourvu toutefois qu'elles aient été bien engraissées.

Les membres du canard et du dindon peuvent être conservés et transportés en suivant les mêmes procédés.

J'ai remarqué que les oiseaux que l'on avait fait demirôtir avant de détacher leurs membres pour les cuire et les soumettre à l'apprêt que nous venons de décrire, avaient beaucoup plus de saveur et se conservaient tout aussi bien que les autres. A la vérité, la préparation est plus coûteuse; mais comme le résultat en est plus avantageux, on ne doit point balancer à la préférer, surtout lorsqu'on désire se procurer de bonnes choses et que l'on a les moyens de faire pour cela quelques sacrifices.

MOYEN DE CONSERVER LA CHAIR DES OIES ET DES CANARDS.

Pour saler les oies et les canards, il faut d'abord écraser grossièrement le sel, il se répand mieux et se perd moins. On fait une première couche sur laquelle on met une oie qu'on couvre modérément de sel, on met successivement les oies et les canards les uns sur les autres de cette manière.

On les place ordinairement dans un saloir ou tinette en bois, ou dans une grande terrine vernissée pour ramasser la saumure dans laquelle on les laisse.

Cet usage n'est pas sans inconvénient, le sel en se fondant entraîne le sang et la partie lymphatique qui est dans la chair et qui est forcée de sortir à cause du racornissement de la viande. Cette eau, celle surtout qui sort les premier et second jours, est sujette à se corrompre à cause de la grande quantité de sang qu'elle tient en dissolution, et je ne doute pas que la continuité d'une telle immersion de viande dans cette saumure ne soit cause que bien des salages sont manqués. Dès le lendemain de la première salaison, il faut tirer les oies de cette eau, on les met dans un vase ou tout bonnement sur une table couverte de toile cirée ou d'un torchon, en observant de mettre la première oie qui se trouvait au-dessus en dessous, et ainsi de suite.

La durée de la salaison est en raison de la température de la saison et du lieu où on l'a faite, lorsqu'on voit que la quantité de sel que j'ai indiquée est employée, la viande est à point.

Alors il faut faire fondre de nouveau les graisses d'oie et de canard qu'on met à bouillir après les avoir partagées en quatre quartiers, en laissant à l'extrémité d'une des cuisses le bout du croupion qu'on a conservé en désossant.

Il faut laisser bouillir modérément cette graisse à petit feu pour donner le temps à la partie aqueuse qu'elle peut renfermer de s'évaporer, trois quarts d'heure, une heure au plus suffisent. Il faut à cet égard choisir un juste milieu : trop cuite, la viande perd une partie de son goût, son jus se mêle avec la graisse et elle est sujette à se rancir ; si elle n'est pas assez cuite, elle se moisit.

Il faut ensuite se pourvoir de pots vernissés en dedans et en dehors qui n'aient aucune odeur, bien secs, surtout dans lesquels on met les cuisses et les ailes des oies et des canards, en les arrangeant bien les unes auprès et sur les autres ; plus elles sont tassées, sans excès cependant, moins il faut de graisse.

Lorsque les pots sont pleins jusqu'au goulot, on vide la graisse qu'on répand avec une grande cuiller à travers une passoire. Lorsque la graisse est de niveau avec la viande, on place le pot dans un lieu frais pour qu'elle se fige ; en se condensant elle diminue de volume. Il faut donc de nouvelle graisse fondue pour remplir le vide et pour que la viande se trouve recouverte.

La graisse d'oie ou de canard est beaucoup moins compacte et se fond plus facilement que celle du cochon. On se sert très-ordinairement de cette dernière pour recouvrir entièrement la viande, et on remplit le pot jusqu'au bord. De cette manière, les oies se trouvent recouvertes d'un pouce et demi de graisse de cochon.

Pour être bonne, il faut que cette graisse soit tirée non des intestins mais de la panne ou du lard de cochon.

On les coupe en morceaux, on les fait fondre à petit feu dans un chaudron et on coule la graisse à proportion qu'elle fond. Il faut éviter de la mettre bouillante sur les oies et les canards. Il faut attendre qu'elle soit tiède presqu'au point de se figer ; étant moins dilatée, elle remplit mieux l'objet qu'on se propose pour empêcher la pénétration de l'air.

Quelques ménagères ramassent les fritons, les mettent dans un pot avec la graisse qui est au fond du chaudron et s'en servent pour faire la soupe aux ouvriers qui s'en accommodent assez, surtout si on fait usage de cette graisse et de ces fritons avec des choux.

Lorsque le froid a figé la graisse, on la recouvre 1° avec un papier blanc qu'on a fait tremper dans de l'esprit-de-vin ou de la forte eau-de-vie ; 2° avec plusieurs doubles de papier ou avec du parchemin qu'on attache au-dessous du col du vase.

On place les oies dans un lieu tempéré plutôt froid que chaud.

Il faut avoir soin de mettre sur le papier ou parchemin des tuiles, des planches, et tout ce qui peut empêcher les souris et les rats de percer le papier.

Un mois et demi ou deux mois après que les oies et les canards ont été dans la graisse on peut les manger si la salaison en a été bien faite, de la manière que je viens de l'indiquer on peut la garder un an et plus. J'ai mangé des ailes d'oies qui avaient été préparées ainsi depuis plus de dix-huit mois et qui étaient aussi fraîches que le premier jour.

Lorsqu'on entame un pot, il est nécessaire de ne point laisser la viande à l'air dans le pot, mais il faut avoir l'attention qu'elle soit toujours couverte de graisse et de rattacher les couvertures.

Je n'ai parlé que des cuisses et des ailes ; dans les petits ménages on confit, c'est-à-dire on met également en graisse les cous, les gésiers et les pattes, ils donnent du goût à la soupe et il faut alors moins de viande.

MANIÈRE DE FAIRE DES SAUCISSONS D'OIE.

J'ai recommandé ci-devant de conserver dans son entier la peau du cou de l'oie, elle sert de fourreau pour faire de bons saucissons. Voici le procédé qu'on emploie : on détache des os de la carcasse des oies, les aiguillettes ou les blancs, et en général toute la viande qu'on en peut tirer, on la hache à morceaux avec une suffisante quantité de bœuf et de cochon gras et maigre, on assaisonne ce hachis et on en farcit les peaux du cou. On leur fait prendre un bouillon avec les ailes dans la graisse en évitant de faire trop de feu pour que la peau ne se crève pas, et on les met dans les pots vernissés qu'on remplit de graisse. Pour les manger on les met pendant une demi-heure environ, dans le pot au feu et on sert ces saucissons froid. C'est ce qu'on appelle la saucisse d'oie. Pour qu'elle ait du goût, outre la chair qu'on tire des carcasses, on peut ajouter une ou deux ailes d'oies qu'on hache avec l'autre viande.

ESSAI SUR L'AVANTAGE DE CETTE EXPLOITATION.

Celui qui n'a pas assez de fortune pour exploiter de suite grandement cette industrie peut la commencer en petit et continuer progressivement suivant ces bénéfices. Il commencera par acheter dix oies et deux mâles, un mois ou cinq semaines après, chacune de ces oies aura pondu quinze œufs : en donnant, de suite, à chacune de ces oies ces quinze œufs à couver, chaque oie donnera de dix à douze oisons, six à sept mois après, soignés comme je l'ai indiqué précédemment, chaque oison sera devenu assez beau pour être vendu de 3 à 4 francs.

Ces oies, après huit mois d'établissement, auront donné cent vingt oisons qui pourront être vendus de suite et donner une somme de 420 francs.

A présent, je vais démontrer le bénéfice que l'on pourrait faire avec cette industrie en l'exploitant sur une grande échelle, en établissant les frais que coûteraient seulement cent oies et les bénéfices nets qu'on en pourrait retirer. Cet essai établi sur le nombre cent, rien de plus facile à savoir ce que produirait plusieurs centaines d'oies.

PREMIERS FRAIS DE L'EXPLOITATION.

Cent oies à 3 fr. 50 c.	350 f.	» c.
Vingt mâles pour féconder les femelles.	70	»
Une marmite à cuire les pommes de terre.	12	»
Un cheval.	300	»
Une voiture.	300	»
Un baquet pour faire la bouillie.	40	»
Quatre sceaux de bois.	8	»
Vingt-cinq cages de quinze cases.	650	»
Cent nids à 50 c.	50	»
Frais non prévus.	600	»
TOTAL.	2350	»

Le capital de cette somme de 2350 francs donne 117 fr. 50 c. de rente à 5 pour cent; en continuant cet aperçu, je vais démontrer la différence qu'il y a entre ce modique revenu et le résultat de mon essai.

FRAIS POUR UNE ANNÉE.

Loyer.	350 f.	» c.
Une domestique de basse-cour.	400	»
Nourriture de cinq cents oisons pour l'année.	2152	»
Nourriture de vingt mâles.	110	»
— du cheval.	550	»
Une écurie.	400	»
Feu pour l'établissement.	200	»
Intérêts du capital.	117	50
Impositions.	100	»
Une domestique pour la vente.	400	»
Frais imprévus.	600	»
TOTAL.	5079	50

Il faut remarquer que je compte ne la nourriture des oisons qu'au nombre de cinq cents, parce que sur les deux mille au moins qui seront à vendre chaque année, il n'y en aura jamais que le quart à l'établissement, parce qu'ils seront vendus au fur et à mesure.

VENTE DES OISONS.

J'ai dit que chaque oie pouvait faire trois pontes à douze œufs chaque ponte, mais voulant tenir compte de celle qui en pondront moins, j'ai fixé le nombre des œufs pour les trois pontes à vingt pour chaque oie.

Je supposerai deux couvées par année et dix oisons pour chaque oie et nous aurons :

Première couvée cent oies donneront chacune dix oisons à 3 fr. 50 c. . . . . 3500 f. » c.

Deuxième couvée. . . . . 3500 »

Deux mille oisons donneront chacun 125 grammes de duvet à raison de 2 fr. le kilogramme. . . . . 500 »

Total. . . . . 7500 »

Je dois faire remarquer :

1° Que l'on retire de chaque oison environ 250 grammes de duvet qui vaut de 4 à 7 fr. le kilogramme, et que la plume triée au duvet fin va même jusqu'à 10 fr. le kilogramme; mais ayant égard aux pertes qui peuvent résulter d'une exploitation de ce genre, surtout faute de surveiller les oies qui perdent leurs plumes, je ne compte que 125 grammes de duvet pour chaque oison et à 2 fr. le kilogramme; au lieu de 250 grammes que l'on peut en retirer et que l'on peut vendre 4, 7 et 10 fr. suivant la qualité.

2° Que chaque oie pondra plus de vingt œufs.

3° Que chaque couvée donnera plus de dix oisons.

4° Que les oisons seront vendus au-dessus de 3 fr. 50 c.

5° Que je n'ai pas porté en ligne de compte le produit de la vente des bouts d'ailes.

6° Que si l'on veut, au lieu de vendre les oisons avant leur engraissement, attendre qu'ils soient devenus de belles oies grasses, les bénéfices seront presque doubles.

RÉCAPITULATION.

Prix des ventes.	7500 f.	» c.
Résumé des frais.	5079	50
Bénéfices nets pour une année. . .	2420	50

On peut voir d'après les calculs que je viens d'établir l'avantage que présente cette opération et les profits que l'on pourrait en retirer en portant le nombre des oies de sa basse-cour à deux, trois et quatre cents.

TABLE DES MATIÈRES.